「パズル道場」で身につく3つ〜　　　　　　ス）

『図形×思考力』では「仮説思考　　　　　　　　　　　　　　　　す。

仮説思考力	習った知識を思い出　　　　　　　　　　　　　　　くり返しながら正解を見つけ　　　　　　　　　　　くさんの"自分の作戦"を考えることで、　　　　　　　　　さを体感することができます。また、入試における難し　、見たことがない問題に対応するために不可欠な能力です。
空間把握能力	一言で言えば立体をイメージする能力です。平面図から立体をイメージしたり、目の前の立体の見えていない部分をイメージしたり、さらに、立体の分解や合成などを頭の中だけで考えられるようになります。これは知識の積み重ねだけでは身につかない能力で、算数以外の教科やスポーツなどでも必要とされます。
数量感覚 （量感）	いわゆる数のセンスです。数は「順番としての数」と「量としての数」の２種類に分けられますが、小学生の時期に重要なのは圧倒的に「量としての数」です。九九を暗記して計算をはじめる前に数を量として認識できるようになると、数の比較・分解・合成を自在に扱うことができ、その後の算数の学習がスムーズに進みます。

［保護者の方へ］効果を高める学習の方法

◎ 数・図形・思考力で学ぶ

「パズル道場」シリーズでは、３つの能力を効果的に伸ばせるように、『計算×思考力』『図形×思考力』の２種類のドリルを用意しています。２冊一緒に取り組んでみてください。

◎ 自分で問題を読んで、自分で考えさせる

保護者の方が最初に説明する必要はありません。試行錯誤こそが思考力を身につける最重要項目です。覚えて解くのではなく、考えて気づきながら解くことができるプログラムになっています。

◎ 結果よりもプロセスを評価する

１つの問題を３回以上間違えたり、15分以上考えてもできない場合は、ヒントを与えてください。ただし、お子さんがあきらめないと言ったら、とことん考えさせてください。できなくても、考えた分だけ賢くなります。できたことより、解けなくてもねばり強く考えたことのほうを高く評価してあげてください。

もくじ・学習内容

※「パズル道場」プログラムの入門〜初級レベルの問題で構成しています。

取り組み方のポイント

平面図形・立体図形

空間把握能力とは、点・線・面・立体など、すべての物体を三次元空間上でイメージする能力です。この力を高めると、より複雑なものを、より素早く正確にイメージできるようになります。

(1) まずは、平面三要素をイメージする能力を高めることが大切です。平面三要素とは、「平行移動感覚」「対称移動感覚」「回転移動感覚」の3つです。すべてのステップにおいて、これらのトレーニングからスタートします。

(2) どの問題も、最初は頭の中でイメージして考えさせてください。わからない場合は、図を描いたり、実際に紙を切ったり、つみ木を使ったりしてみましょう。そして、後日また、頭の中でイメージして考えさせてください。これをくり返し、根気強く続けます。

空間把握能力などの感覚分野（センス）では、頭の中だけで考えて解けるようになることが重要で、それはスポーツのトレーニングのように、練習を積み重ねることで身につけることができます。覚えるのではなく、トレーニングを積み重ねることで正解が見えるようになるのです。

思考力 （算数パズル）

思考力は、同時に複数のことを考える練習で身につけることができます。この練習には、パズルが一番効果的です。知識力が不要な算数パズルで、自分の作戦を考えながら、「あーでもない、こーでもない」と頭を使うことが思考力を育成する最短距離なのです。

(1) ヒントや解き方を教えて解くことは、思考力育成においては何の意味もないことです。ですので保護者の方は、できたことよりも頑張ったことをより高く評価してあげてください。

(2) 解けなくてめげている場合は、「できなくても、一生懸命考えたことで賢くなるから、今日はとっても賢くなっているよ。頑張ろう！」などと励ましてあげてください。できないことを叱ることは、お子さんの成長を妨げます。

(3) ゲーム感覚で、お子さんと競争しながら取り組むのもよいでしょう。

同じ形をさがそう

お手本をそのまま右に動かした形をさがして、番ごうに○
をつけましょう。

(1) お手本　　　　❶　　　　❷　　　　❸

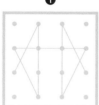

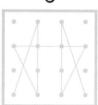

(2) お手本　　　　❶　　　　❷　　　　❸

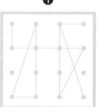
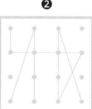

(3) お手本　　　　❶　　　　❷　　　　❸

2 紙を2つにおりまげる

とうめいな紙に書かれた形を、点線のところで下から上に
おりまげると、どんな図形になりますか。右からえらび、
番ごうに○をつけましょう。

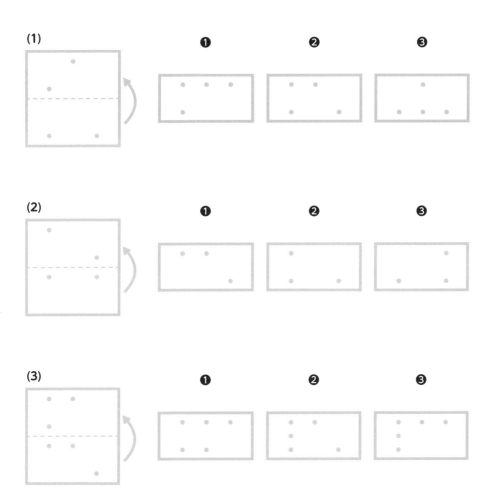

3 回てんさせてみよう

数字が書いてある外がわの円ばんが回てんします。
あとのもんだいに答えましょう。

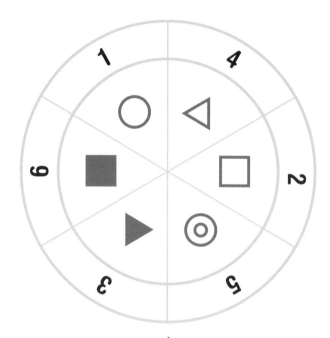

(1) 1 が▲のところにくると、6 はどの記ごうの
ところにきますか。

(2) 2 が■のところにくると、1 はどの記ごうの
ところにきますか。

(3) 4 が◎のところにくると、3 はどの記ごうの
ところにきますか。

4 2つをかさね合わせる

上の2つの図形をかさね合わせると、どんな図形になりますか。下からえらび、線でむすびましょう。

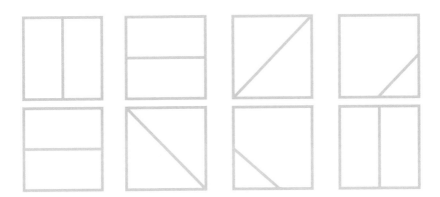

5　つみ木を動かしてみよう

お手本のつみ木のうち、何こかを動かしてできる形はどれですか。右からさがして、番ごうに○をつけましょう。

(1) お手本

❶ 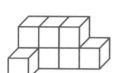　　❷ 　　❸

(2) お手本

❶ 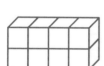　　❷ 　　❸

(3) お手本

❶ 　　❷ 　　❸

6 つみ木を上から見ると？

上から見たとき、お手本のように見える形を右からさがして、番ごうに○をつけましょう。

(1) お手本　　　　❶　　　　❷　　　　❸

(2) お手本　　　　❶　　　　❷　　　　❸

(3) お手本　　　　❶　　　　❷　　　　❸

 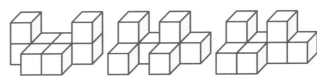

7 三角形に分けてみよう

左の四角形や三角形に線を引いて、右の三角形に分けましょう。※答えは1つとはかぎりません。

(1)

を8こ

(2)

を4こ

(3)

を8こ

8 マスを四角に分ける

れいだい

つぎのルールにしたがって線を引いて、いくつかの四角に
分けましょう。

〔ルール〕
① 図のマスが１つもあまらないように、正方形または長方形に分けます。
② １つの正方形または長方形の中には、かならず数字が１つ入ります。
③ ②の数字は、その正方形または長方形にふくまれるマスの数をあらわします。
④ 同じマスを、２つの正方形または長方形が同時につかうことはできません。

れいだい　　　　　　　　　　　　　かい答

8 マスを四角に分ける

つぎのルールにしたがって線を引いて、いくつかの四角に分けましょう。

〔ルール〕
① 図のマスが1つもあまらないように、正方形または長方形に分けます。
② 1つの正方形または長方形の中には、かならず数字が1つ入ります。
③ ②の数字は、その正方形または長方形にふくまれるマスの数をあらわします。
④ 同じマスを、2つの正方形または長方形が同時につかうことはできません。

(1)

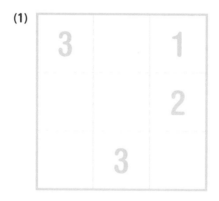

(2)

9 同じ形をさがそう

お手本をそのまま右に動かした形をさがして、番ごうに○
をつけましょう。

(1) お手本

❶

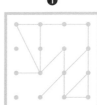

❷

❸

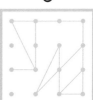

(2) お手本

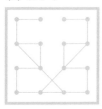

❶

❷

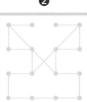

❸

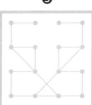

(3) お手本

❶

❷

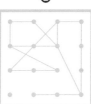

❸

10 紙を２つにおって切る

ま四角の紙をつぎのように２つにおって、色のついたところを切り、そしてまた元のようにひらくと、どんな形になりますか。右の四角に書きこみましょう。

(1)

(2)

(3)

11 回てんさせてみよう

記ごうが書いてある内がわの円ばんが回てんします。
あとのもんだいに答えましょう。

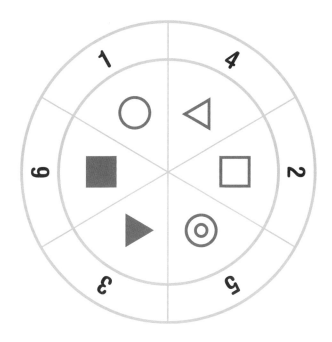

(1) ○が2のところにくると、■はどの数字の
　　 ところにきますか。

(2) ○が3のところにくると、▲はどの数字の
　　 ところにきますか。

(3) □が6のところにくると、○はどの数字の
　　 ところにきますか。

12 なか間外れはどれ？

なか間外れはどれでしょう。番ごうをえらんで、○をつけましょう。

(1)

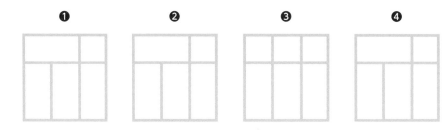

❶　　❷　　❸　　❹

(2)

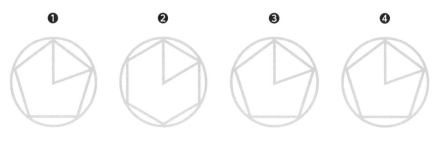

❶　　❷　　❸　　❹

(3)

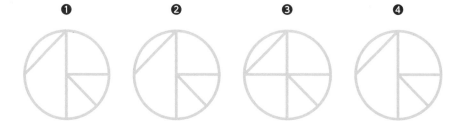

❶　　❷　　❸　　❹

13 つみ木を動かしてみよう

お手本のつみ木のうち、何こかを動かしてできる形はどれですか。右からさがして、番ごうに○をつけましょう。

(1) お手本　　　　　❶　　　　　　❷　　　　　　❸

(2) お手本　　　　　❶　　　　　　❷　　　　　　❸

(3) お手本　　　　　❶　　　　　　❷　　　　　　❸

  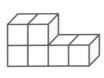

14 つみ木はいくつある？

それぞれつみ木は何こありますか。 □ に書きましょう。

(1)

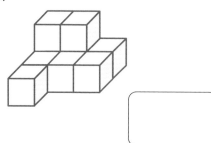

(2)

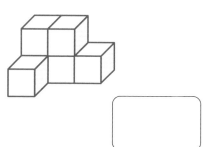

(3)

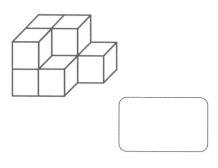

(4)

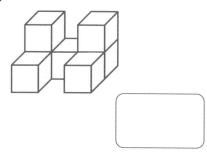

(5)

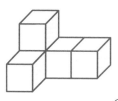

(6)

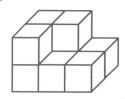

15 つみ木に色をぬったら？

下の図は9このつみ木をつくえの上にならべたものです。
ならべた後、おもてに出ている面をすべて赤くぬりました。
(つくえとせっしている面、つみ木どうしがくっついてい
る面は赤くぬれません。)
そして、赤くぬった後にばらばらにくずしました。このとき、
1つ1つのつみ木を見ると、赤くぬられている面とぬられ
ていない面があります。あとのもんだいに答えましょう。

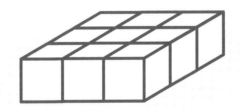

(1) 9このつみ木の中で、3つの面が赤くぬられている
　　つみ木は何こありますか。

(2) 9このつみ木の中で、2つの面が赤くぬられている
　　つみ木は何こありますか。

(3) 9このつみ木の中で、1つの面が赤くぬられている
　　つみ木は何こありますか。

16 じゅん番を考えよう

あるきまりでならんでいます。あいているマスに当てはまる記ごうを書きましょう。

(1)

□ ○ □ ○ 　　　□ ○ □ ○ □ ○

(2)

△ □ △ □ △ □ △ □ 　　　△ □

(3)

□ ○ □ 　　　○ □ ○ □ ○ □ ○

(4)

◎ △ ◎ △ ◎ △ ◎ 　　　△ ◎ △

(5)

△ ◎ □ △ ◎ 　　　□ △ ◎ □

(6)

○ ◎ △ ○ ◎ △ ○ ◎ 　　　△

17 同じ形をさがそう

お手本をそのまま右に動かした形をさがして、番ごうに○をつけましょう。

(1) お手本

 ❶  ❷  ❸

(2) お手本

 ❶ 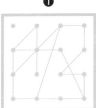 ❷  ❸

(3) お手本

 ❶ 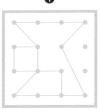 ❷  ❸

18 紙を2つにおりまげる

とうめいな紙に書かれた形を、点線のところで下から上に
おりまげると、どんな図形になりますか。右からえらび、
番ごうに○をつけましょう。

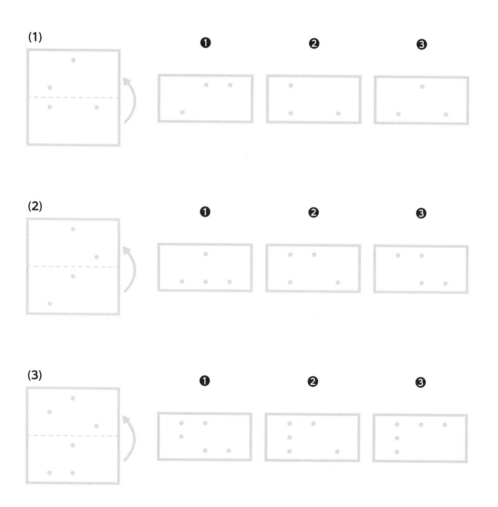

19 回てんさせてみよう

左の図の●が、右のような場しょにくるように回しました。
マスの中の記ごうがどうなるか、書きこみましょう。

(1)

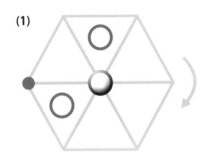 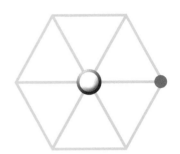

(2)

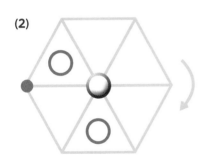 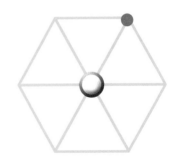

(3)

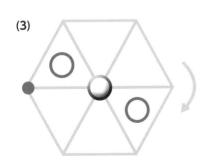 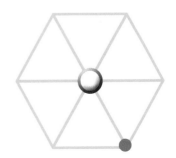

20 2つをかさね合わせる

上の2つの図形をかさね合わせると、どんな図形になりますか。下からえらび、線でむすびましょう。

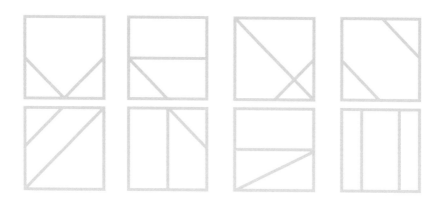

21 つみ木を動かしてみよう

まん中にあるお手本のつみ木のうち、何こかを動かしてできる形を❶～❽から3つさがして、番ごうに○をつけましょう。

❶

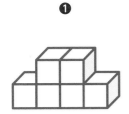

❷

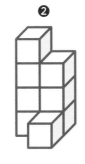

❸

お手本

❹

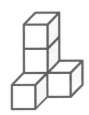

❺

❻

❼

❽

22 つみ木を上から見ると？

上から見たとき、お手本のように見える形を右からさがして、番ごうに○をつけましょう。

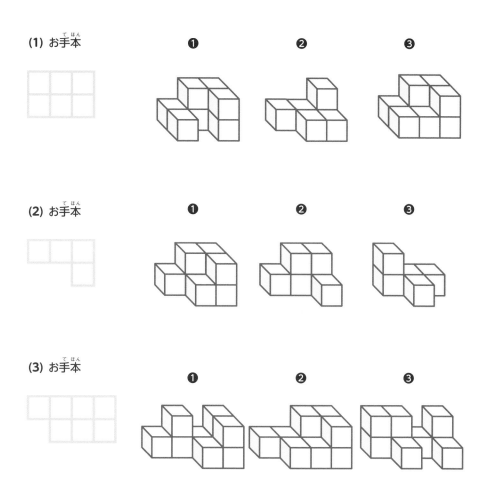

(1) お手本

❶　　❷　　❸

(2) お手本

❶　　❷　　❸

(3) お手本

❶　　❷　　❸

23 四角をつなげてみよう

同じ大きさの 3 つの正方形（ま四角）を辺どうしがぴったりかさなるようにつなげると、2 しゅるいの形ができます。では、同じ大きさの 4 つの正方形（ま四角）を辺どうしがぴったりかさなるようにつなげると、どのような形ができますか。下のわくに 5 しゅるい書きましょう。

※回したり、うらがえしたりしてかさなるものは同じ形とします。

【3 つの正方形をつなげてできる形】

【4 つの正方形をつなげてできる形】

24 ブロックに分ける

れいだい

つぎのルールにしたがって数字を書き、線を引いて、
いくつかのブロックに分けましょう。

〔ルール〕
①あいているマスすべてに、1ケタの数字を入れます。
②ぜんぶのマスを、いくつかのブロックに分けます。
③1つのブロックは、かならずタテまたはヨコにつながります。
④1つのブロックには、すべて同じ数が入ります。
⑤ブロックに入る数は、そのブロックにふくまれるマスの数と同じです。
⑥同じ数の入るちがうブロックが、タテまたはヨコにつながることはありません。

れいだい

4	5			
	4		5	1
3	2			3
		1	3	1
5	5			5

かい答

4	5	**5**	**5**	**5**
4	4	**4**	5	1
3	2	**2**	**3**	3
3	**3**	1	3	1
5	5	**5**	**5**	5

24 ブロックに分ける

つぎのルールにしたがって数字を書き、線を引いて、
いくつかのブロックに分けましょう。

〔ルール〕

① あいているマスすべてに、1 ケタの数字を入れます。

② ぜんぶのマスを、いくつかのブロックに分けます。

③ 1 つのブロックは、かならずタテまたはヨコにつながります。

④ 1 つのブロックには、すべて同じ数が入ります。

⑤ ブロックに入る数は、そのブロックにふくまれるマスの数と同じです。

⑥ 同じ数の入るちがうブロックが、タテまたはヨコにつながることはありません。

(1)

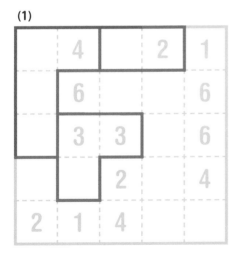

(2)

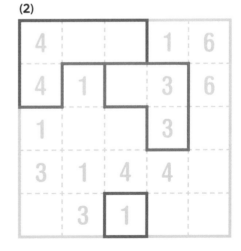

25 同じ形をさがそう

お手本をそのまま右に動かした形をさがして、番ごうに○
をつけましょう。

(1) お手本　　❶　　❷　　❸

(2) お手本　　❶　　❷　　❸

(3) お手本　　❶　　❷　　❸

26 紙を２つにおって切る

ま四角の紙をつぎのように２つにおって、色のついたところを切り、そしてまた元のようにひらくと、どんな形になりますか。右の四角に書きこみましょう。

(1)

(2)

(3)

27 回てんさせてみよう

左の図の●が、右のような場しょにくるように回しました。
マスの中の記ごうがどうなるか、書きこみましょう。

(1)

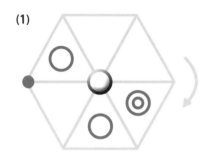 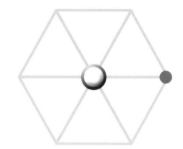

(2)

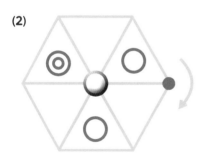 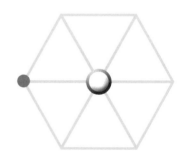

(3)

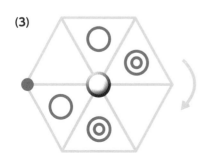 

28 なか間外れはどれ？

なか間外れはどれでしょう。番ごうをえらんで、○をつけましょう。

(1)

❶　　　　　❷　　　　　❸　　　　　❹

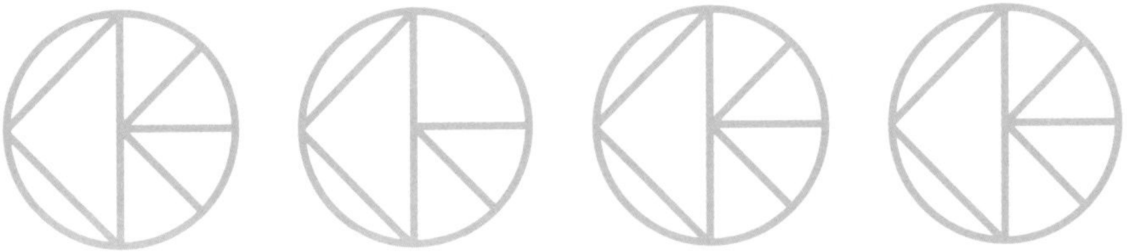

(2)

❶　　　　　❷　　　　　❸　　　　　❹

(3)

❶　　　　　❷　　　　　❸　　　　　❹

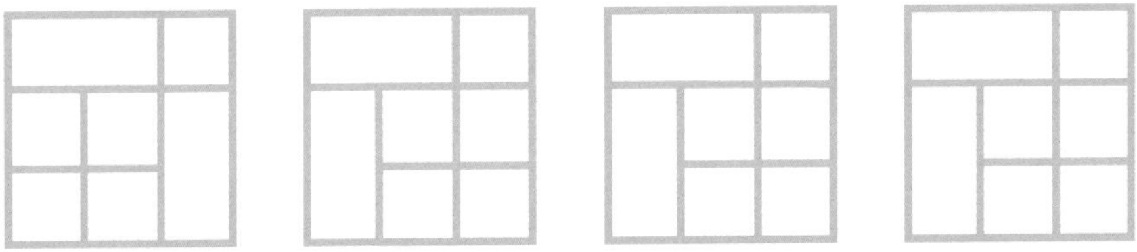

29 つみ木を動かしてみよう

まん中にあるお手本のつみ木のうち、何こかを動かしてできる形を❶〜❽から 3 つさがして、番ごうに○をつけましょう。

❶
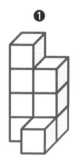

❷

❸

お手本

❹

❺

❻

❼

❽
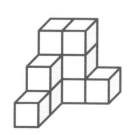

30 つみ木はいくつある？

それぞれつみ木は何こありますか。□□□に書きましょう。

(1)

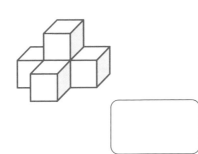

(2)

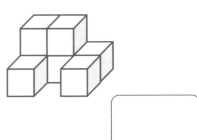

(3)

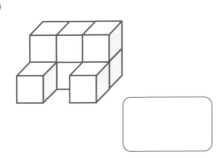

(4)

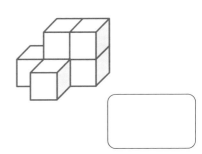

(5)

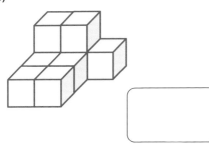

(6)

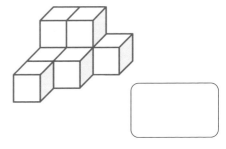

31 つみ木に色をぬったら？

目標時間は 8 分

月　　　日

下の図は 12 このつみ木をつくえの上にならべたものです。
ならべた後、おもてに出ている面をすべて赤くぬりました。
(つくえとせっしている面、つみ木どうしがくっついている面は赤くぬれません。)
そして、赤くぬった後にばらばらにくずしました。このとき、
1つ1つのつみ木を見ると、赤くぬられている面とぬられていない面があります。あとのもんだいに答えましょう。

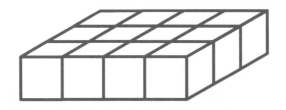

(1) 12 このつみ木の中で、3 つの面が赤くぬられているつみ木は何こありますか。

(2) 12 このつみ木の中で、2 つの面が赤くぬられているつみ木は何こありますか。

(3) 12 このつみ木の中で、1 つの面が赤くぬられているつみ木は何こありますか。

32 おもさをくらべよう

図を見て、あとのもんだいに答えましょう。

(1) かるいじゅんにならべなさい。

(2) おもいじゅんにならべなさい。

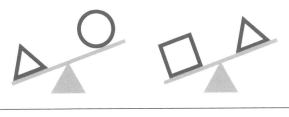

33 おもさをくらべよう

図を見て、あとのもんだいに答えましょう。

(1) かるいじゅんにならべなさい。

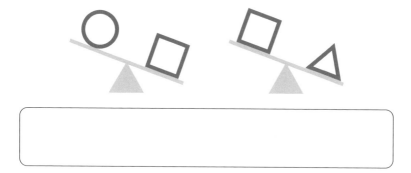

(2) おもいじゅんにならべなさい。

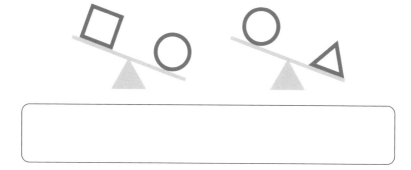

34 同じ形をさがそう

お手本をそのまま右に動かした形をさがして、番ごうに○
をつけましょう。

(1) お手本

　❶ 　❷ 　❸

(2) お手本

　❶ 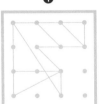　❷ 　❸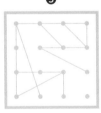

(3) お手本

　❶ 　❷ 　❸

35 紙を２つにおりまげる

とうめいな紙に書かれた形を、点線のところで下から上に
おりまげると、どんな図形になりますか。右からえらび、
番ごうに○をつけましょう。

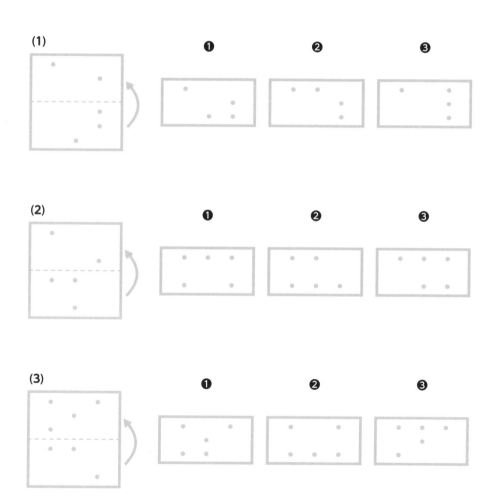

36 回てんさせてみよう

数字が書いてある外がわの円ばんが回てんします。
あとのもんだいに答えましょう。

(1) 1 が▲のところにくると、6 はどの記ごうの
ところにきますか。

(2) 2 が□のところにくると、1 はどの記ごうの
ところにきますか。

(3) 4 が★のところにくると、3 はどの記ごうの
ところにきますか。

37 2つをかさね合わせる

上の2つの図形をかさね合わせると、どんな図形になりますか。下からえらび、線でむすびましょう。

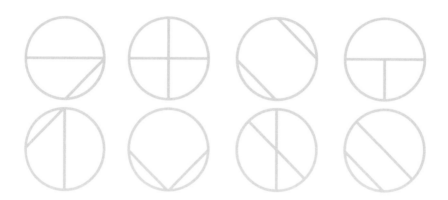

38 つみ木を動かしてみよう

目標時間は5分

月　　日

お手本のつみ木のうち、何こかを動かしてできる形はどれですか。右からさがして、番ごうに○をつけましょう。

(1) お手本

❶

❷

❸

(2) お手本

❶
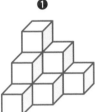

❷
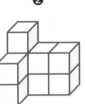

❸
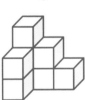

(3) お手本

❶

❷

❸
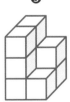

39 つみ木を上から見ると？

上から見たとき、お手本のように見える形を右からさがして、番ごうに○をつけましょう。

(1) お手本　　　❶　　　　　❷　　　　　❸

(2) お手本　　　❶　　　　　❷　　　　　❸

(3) お手本　　　❶　　　　　❷　　　　　❸

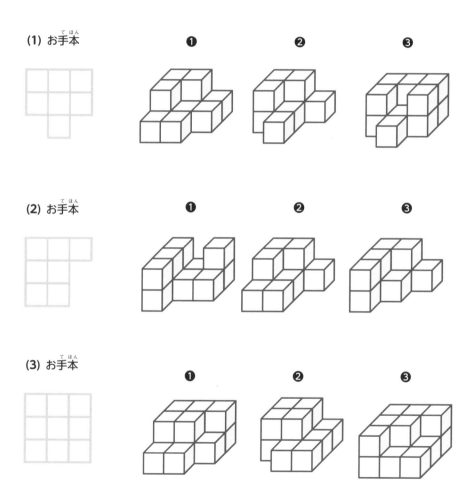

40 三角をつなげてみよう

同じ大きさの 3 つの直角二等辺三角形（正方形を半分にした形）を辺どうしがぴったりかさなるようにつなげると、2 しゅるいの四角形ができます。
では、同じ大きさの 4 つの直角二等辺三角形（正方形を半分にした形）を辺どうしがぴったりかさなるようにつなげると、どのような四角形ができますか。下のわくに 5 しゅるい書きましょう。　※回したり、うらがえしたりしてかさなるものは同じ形とします。

【3 つの直角二等辺三角形をつなげてできる四角形】

【4 つの直角二等辺三角形をつなげてできる四角形】

41 四方から見てみよう

れいだい

マスの中のビルが何階だてか、数字を書きましょう。

〔ルール〕
① それぞれのマスはま上から見たビルをあらわします。
② すべてのマスに、そのビルの階数をあらわす数字を入れます。
③ もっとも高いビルの階数は 3 階だてです。
④ 矢じるしの数は、その方こうから見たときに見えるビルの数をあらわしています。たとえば、 2 1 3 とならんでいるときには、左から見ると 2 つ、右から見ると 1 つのビルが見えます。
⑤ 同じれつ（タテ・ヨコとも）に同じ数は入りません。

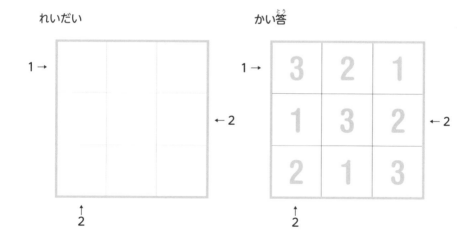

41 四方から見てみよう

マスの中のビルが何階だてか、数字を書きましょう。

〔ルール〕

①それぞれのマスはま上から見たビルをあらわします。

②すべてのマスに、そのビルの階数をあらわす数字を入れます。

③もっとも高いビルの階数は 3 階だてです。

④矢じるしの数は、その方こうから見たときに見えるビルの数をあらわしています。たとえば、 2 1 3 とならんでいるときには、左から見ると 2 つ、右から見ると 1 つのビルが見えます。

⑤同じれつ（タテ・ヨコとも）に同じ数は入りません。

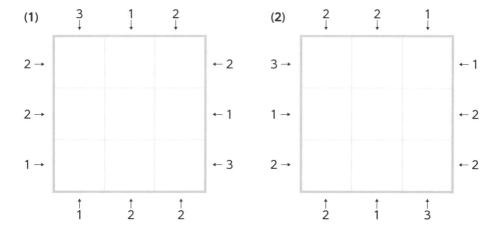

42 同じ形をさがそう

お手本をそのまま右に動かした形をさがして、番ごうに○
をつけましょう。

(1) お手本　❶　❷　❸

(2) お手本　❶　❷　❸

 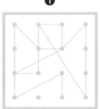 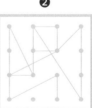 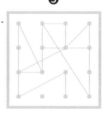

(3) お手本　❶　❷　❸

43 紙を２つにおって切る

ま四角の紙をつぎのように２つにおって、色のついたところを切り、そしてまた元のようにひらくと、どんな形になりますか。右の四角に書きこみましょう。

(1)

 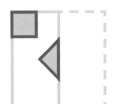 

(2)

(3)

44 回てんさせてみよう

記ごうが書いてある内がわの円ばんが回てんします。
あとのもんだいに答えましょう。

(1) ★が 8 のところにくると、□はどの数字の
ところにきますか。

(2) ○が 7 のところにくると、▲はどの数字の
ところにきますか。

(3) □が 5 のところにくると、■はどの数字の
ところにきますか。

45 なか間外れはどれ？

なか間外れはどれでしょう。番ごうをえらんで、○をつけましょう。

(1)

❶　　　　　　❷　　　　　　❸　　　　　　❹

(2)

❶　　　　　　❷　　　　　　❸　　　　　　❹

(3)

❶　　　　　　❷　　　　　　❸　　　　　　❹

46 つみ木を動かしてみよう

お手本のつみ木のうち、何こかを動かしてできる形はどれですか。右からさがして、番ごうに○をつけましょう。

(1) お手本 　❶ 　❷ 　❸

(2) お手本 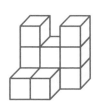　❶ 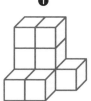　❷　❸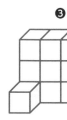

(3) お手本 　❶ 　❷ 　❸

47 つみ木はいくつある？

それぞれつみ木は何こありますか。□に書きましょう。

(1)

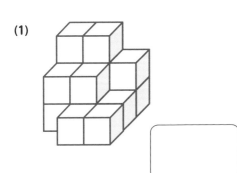

(2)

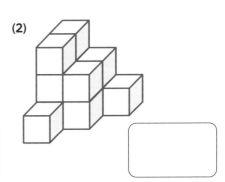

(3)

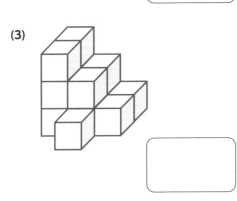

(4)

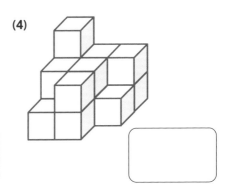

(5)

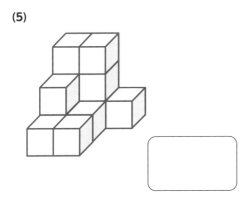

(6)

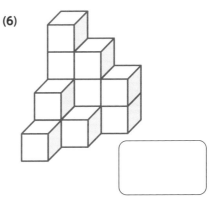

48 つみ木に色をぬったら？

目標時間は 10 分

月　　日

下の図は 10 このつみ木をつくえの上にならべたものです。ならべた後、おもてに出ている面をすべて赤くぬりました。（つくえとせっしている面、つみ木どうしがくっついている面は赤くぬれません。）

そして、赤くぬった後にばらばらにくずしました。このとき、1つ1つのつみ木を見ると、赤くぬられている面とぬられていない面があります。あとのもんだいに答えましょう。

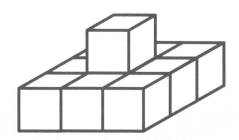

(1) 10 このつみ木の中で、5つの面が赤くぬられているつみ木は何こありますか。

(2) 10 このつみ木の中で、3つの面が赤くぬられているつみ木は何こありますか。

(3) 10 このつみ木の中で、2つの面が赤くぬられているつみ木は何こありますか。

(4) 10 このつみ木の中で、どの面も赤くぬられていないつみ木は何こありますか。

49 マスを四角に分ける

つぎのルールにしたがって線を引いて、いくつかの四角に分けましょう。

〔ルール〕

① 図のマスが 1 つもあまらないように、正方形または長方形に分けます。

② 1 つの正方形または長方形の中には、かならず数字が 1 つ入ります。

③ ②の数字は、その正方形または長方形にふくまれるマスの数をあらわします。

④ 同じマスを、2 つの正方形または長方形が同時につかうことはできません。

			4
	2		2
	2		2
4			

50 マスを四角に分ける

つぎのルールにしたがって線を引いて、いくつかの四角に分けましょう。

〔ルール〕
① 図のマスが 1 つもあまらないように、正方形または長方形に分けます。
② 1 つの正方形または長方形の中には、かならず数字が 1 つ入ります。
③ ②の数字は、その正方形または長方形にふくまれるマスの数をあらわします。
④ 同じマスを、2 つの正方形または長方形が同時につかうことはできません。

			4
		3	
	4		
		2	3

51 同じ形を書こう

お手本と同じ形を、そのまま右に書きましょう。

(1) お手本

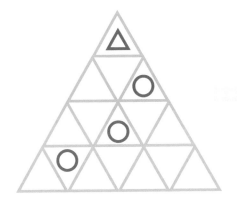
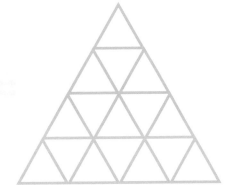

(2) お手本

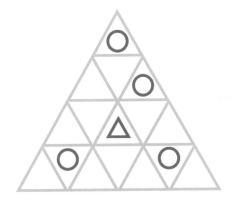
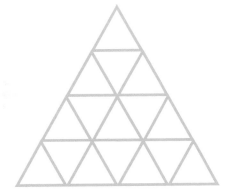

52 紙を２つにおって切る

目標時間は５分

月　　　日

ま四角の紙をつぎのように２つにおって、色のついたところを切り、そしてまた元のようにひらくと、どんな形になりますか。右の四角に書きこみましょう。

(1)

(2)

(3)

53 回てんさせてみよう

左の図の●が、右のような場しょにくるように回しました。
マスの中の記ごうがどうなるか、書きこみましょう。

(1)

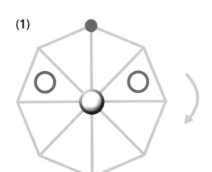 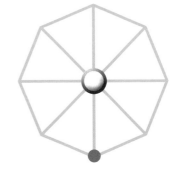

(2)

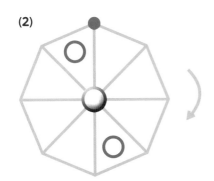 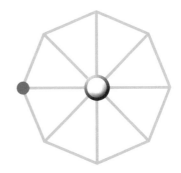

(3)

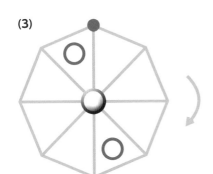 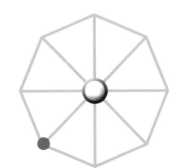

54 ３つをかさね合わせる

上の３つの図形をかさね合わせると、どんな図形になりますか。下からえらび、線でむすびましょう。

55

つみ木を動かしてみよう

まん中にあるお手本のつみ木のうち、何こかを動かしてできる形を❶〜❽から3つさがして、番ごうに○をつけましょう。

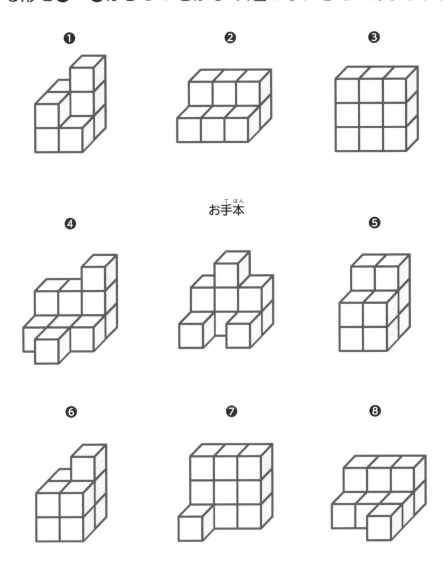

56 つみ木を上から見ると？

目標時間は 5 分

月　　日

上から見たとき、お手本のように見える形を右からさがして、番ごうに○をつけましょう。

(1) お手本

❶
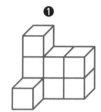

❷
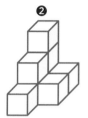

❸
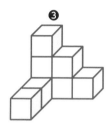

(2) お手本

❶
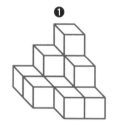

❷
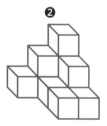

❸
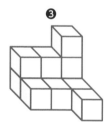

(3) お手本

❶
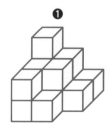

❷
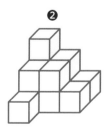

❸
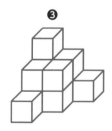

57 四角をつなげてみよう

同じ大きさの 3 つの正方形（ま四角）を辺どうしがぴったりかさなるようにつなげると、2 しゅるいの形ができます。では、同じ大きさの 5 つの正方形（ま四角）を辺どうしがぴったりかさなるようにつなげると、どのような形ができますか。下のわくに 5 しゅるい書きましょう。

※回したり、うらがえしたりしてかさなるものは同じ形とします。

【3 つの正方形をつなげてできる形】

【5 つの正方形をつなげてできる形】　　※できる人は、10 しゅるい考えましょう。

58 じゅん番を考えよう

あるきまりでならんでいます。あいているマスに当てはまる記ごうを書きましょう。

(1)

| ○ | ○ | △ | ○ | ○ | △ | | | ○ | ○ | △ |

(2)

| ◎ | □ | ◎ | | | ◎ | □ | ◎ | ◎ | □ | ◎ |

(3)

| □ | △ | □ | □ | △ | □ | □ | | | △ | □ |

(4)

| ○ | △ | ○ | ○ | | | △ | ○ | ○ | △ | ○ |

(5)

| ◎ | △ | ◎ | ◎ | ◎ | | | | △ | ◎ | ◎ |

(6)

| □ | ◎ | ◎ | □ | □ | ◎ | | | | ◎ | □ |

59 同じ形をさがそう

お手本をそのまま右に動かした形をさがして、番ごうに○をつけましょう。

(1) お手本

❶

❷

❸

(2) お手本

❶

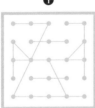

❷

❸

(3) お手本

❶

❷

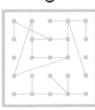

❸

60 紙を2つにおって切る

ま四角の紙をつぎのように2つにおって、色のついたところを切り、そしてまた元のようにひらくと、どんな形になりますか。右の四角に書きこみましょう。

(1)

 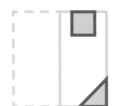 

(2)

(3)

61 回てんさせてみよう

目標時間は5分
月　　日

左の図の●が、右のような場しょにくるように回しました。
マスの中の記ごうがどうなるか、書きこみましょう。

(1)

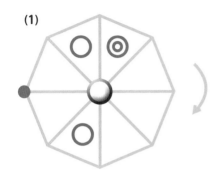 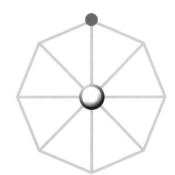

(2)

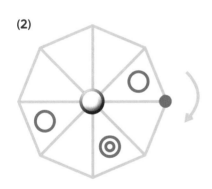 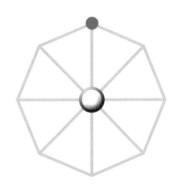

(3)

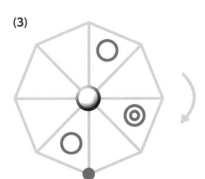 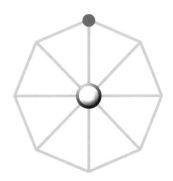

62 なか間はどれ？

同じ形のなか間をさがして、番ごうに○をつけましょう。

(1)

❶　　　❷　　　❸　　　❹　　　❺

(2)

❶　　　❷　　　❸　　　❹　　　❺

(3)

❶　　　❷　　　❸　　　❹　　　❺

63 つみ木を動かしてみよう

まん中にあるお手本のつみ木のうち、何こかを動かしてできる形を❶〜❽から3つさがして、番ごうに○をつけましょう。

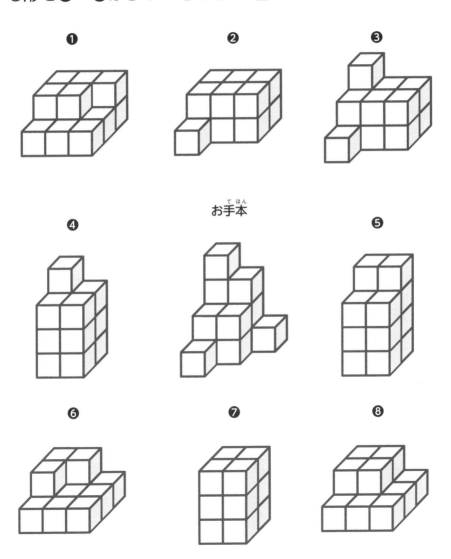

❶　❷　❸

お手本

❹　❺

❻　❼　❽

64 つみ木はいくつある？

それぞれつみ木は何こありますか。□に書きましょう。

(1)

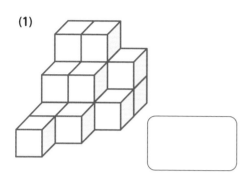

(2)

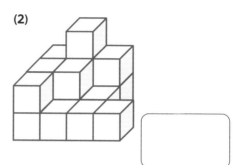

(3)

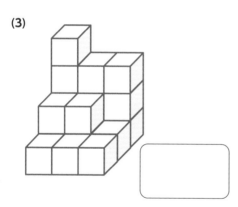

(4)

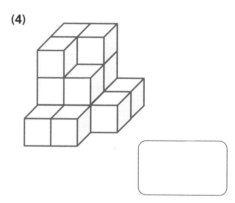

(5)

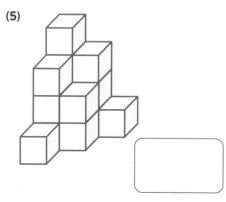

(6)

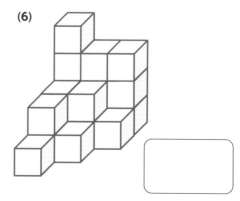

65 つみ木に色をぬったら？

下の図は14このつみ木をつくえの上にならべたものです。ならべた後、おもてに出ている面をすべて赤くぬりました。（つくえとせっしている面、つみ木どうしがくっついている面は赤くぬれません。）

そして、赤くぬった後にばらばらにくずしました。このとき、1つ1つのつみ木を見ると、赤くぬられている面とぬられていない面があります。あとのもんだいに答えましょう。

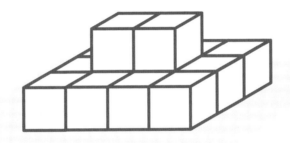

(1) 14このつみ木の中で、4つの面が赤くぬられているつみ木は何こありますか。

(2) 14このつみ木の中で、3つの面が赤くぬられているつみ木は何こありますか。

(3) 14このつみ木の中で、2つの面が赤くぬられているつみ木は何こありますか。

(4) 14このつみ木の中で、どの面も赤くぬられていないつみ木は何こありますか。

66 ブロックに分ける

つぎのルールにしたがって数字を書き、線を引いて、
いくつかのブロックに分けましょう。

〔ルール〕

① あいているマスすべてに、1ケタの数字を入れます。

② ぜんぶのマスを、いくつかのブロックに分けます。

③ 1つのブロックは、かならずタテまたはヨコにつながります。

④ 1つのブロックには、すべて同じ数が入ります。

⑤ ブロックに入る数は、そのブロックにふくまれるマスの数と同じです。

⑥ 同じ数の入るちがうブロックが、タテまたはヨコにつながることはありません。

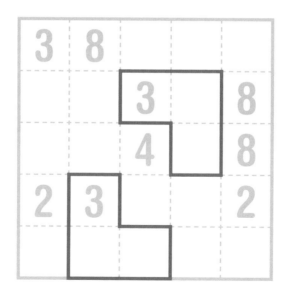

67 ブロックに分ける

つぎのルールにしたがって数字を書き、線を引いて、
いくつかのブロックに分けましょう。

〔ルール〕
①あいているマスすべてに、1ケタの数字を入れます。

②ぜんぶのマスを、いくつかのブロックに分けます。

③1つのブロックは、かならずタテまたはヨコにつながります。

④1つのブロックには、すべて同じ数が入ります。

⑤ブロックに入る数は、そのブロックにふくまれるマスの数と同じです。

⑥同じ数の入るちがうブロックが、タテまたはヨコにつながることはありません。

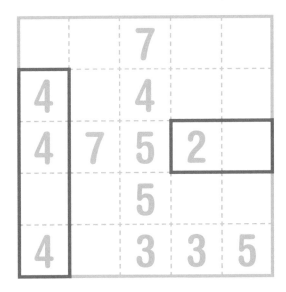

68 同じ形を書こう

お手本と同じ形を、そのまま右に書きましょう。

(1)　　　　　　お手本

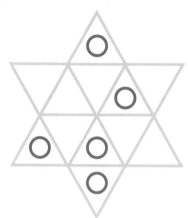 

(2)　　　　　　お手本

69 紙をおってから切る

ま四角の紙をつぎのように4つにおって、色のついたところを切り、そしてまた元のようにひらくと、どんな形になりますか。右の四角に書きこみましょう。

(1)

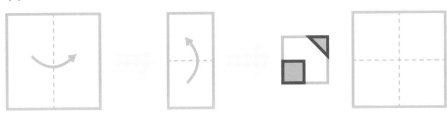

(2)

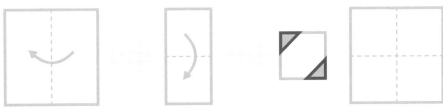

(3)

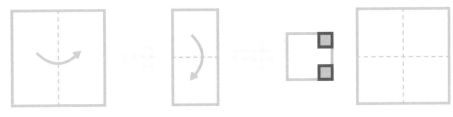

70 回てんさせてみよう

目標時間は5分

月　　日

左の図の●が、右のような場しょにくるように回しました。
マスの中の記ごうがどうなるか、書きこみましょう。

(1)

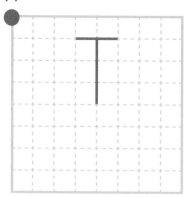

(2)

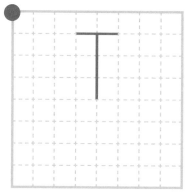

71 ３つをかさね合わせる

上の３つの図形をかさね合わせると、どんな図形になりますか。下からえらび、線でむすびましょう。

72 つみ木を動かしてみよう

お手本のつみ木のうち、何こかを動かしてできる形はどれですか。右からさがして、番ごうに○をつけましょう。

(1) お手本
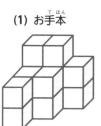
❶
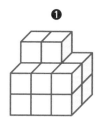
❷
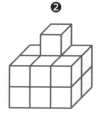
❸
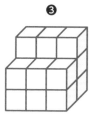

(2) お手本
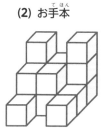
❶
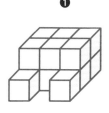
❷
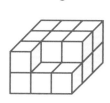
❸
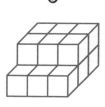

(3) お手本
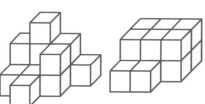
❷

❸
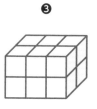

73 つみ木を上から見ると？

上から見たとき、お手本のように見える形を右からさがして、番ごうに○をつけましょう。

(1) お手本

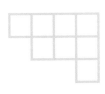

❶　　　　　　　❷　　　　　　　❸

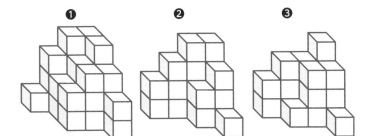

(2) お手本

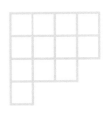

❶　　　　　　　❷　　　　　　　❸

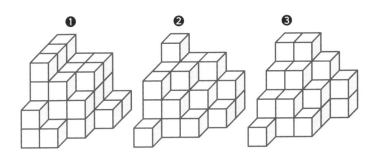

(3) お手本

❶　　　　　　　❷　　　　　　　❸

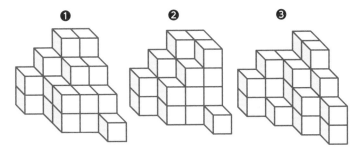

74

三角をつなげてみよう

同じ大きさの5つの直角二等辺三角形（正方形を半分にした形）を辺どうしがぴったりかさなるようにつなげると、どのような四角形ができますか。下のわくに3しゅるい書きましょう。

※回したり、うらがえしたりしてかさなるものは同じ形とします。

【5つの直角二等辺三角形をつなげてできる四角形】

75 三角をつなげてみよう

同じ大きさの6つの直角二等辺三角形（正方形を半分にした形）を辺どうしがぴったりかさなるようにつなげると、どのような四角形ができますか。下のわくに5しゅるい書きましょう。　※回したり、うらがえしたりしてかさなるものは同じ形とします。

【6つの直角二等辺三角形をつなげてできる四角形】

76 おもさをくらべよう

図を見て、あとのもんだいに答えましょう。

(1) かるいじゅんにならべなさい。

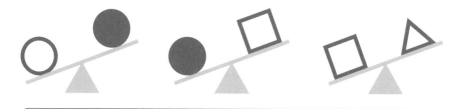

(2) おもいじゅんにならべなさい。

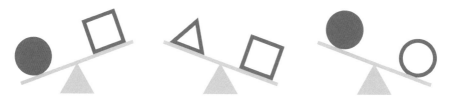

77　おもさをくらべよう

図を見て、あとのもんだいに答えましょう。

(1) かるいじゅんにならべなさい。

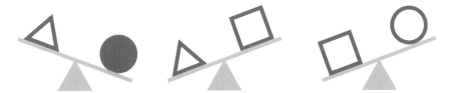

(2) おもいじゅんにならべなさい。

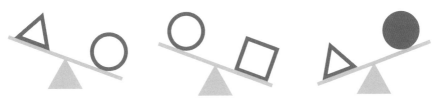

78 同じ形をさがそう

お手本をそのまま右に動かした形をさがして、番ごうに○をつけましょう。

(1) お手本　　　　　❶　　　　　　❷　　　　　　❸

(2) お手本　　　　　❶　　　　　　❷　　　　　　❸

(3) お手本　　　　　❶　　　　　　❷　　　　　　❸

79 紙をおってから切る

目標時間は5分

月　　日

ま四角の紙をつぎのように4つにおって、色のついたところを切り、そしてまた元のようにひらくと、どんな形になりますか。右の四角に書きこみましょう。

(1)

(2)

(3)

80 回てんさせてみよう

左の図の●が、右のような場しょにくるように回しました。
マスの中の図形がどうなるか、書きこみましょう。

(1)

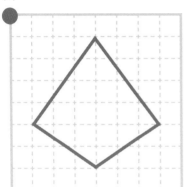

(2)

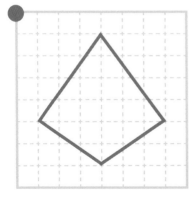

81 なか間はどれ？

同じ形のなか間をさがして、番ごうに○をつけましょう。

(1)

❶　　　❷　　　❸　　　❹　　　❺

(2)

❶　　　❷　　　❸　　　❹　　　❺

(3)

❶　　　❷　　　❸　　　❹　　　❺

82 つみ木を動かしてみよう

目標時間は5分

月　　日

お手本のつみ木のうち、何こかを動かしてできる形はどれですか。右からさがして、番ごうに○をつけましょう。

(1) お手本
❶ 　　❷ 　　❸

(2) お手本
❶ 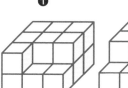　　❷　　❸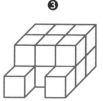

(3) お手本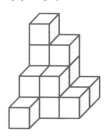
❶ 　　❷ 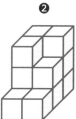　　❸

83 つみ木はいくつある？

それぞれつみ木は何こありますか。 □ に書きましょう。

(1)

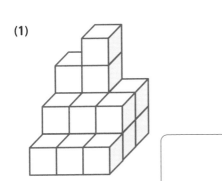

(2)

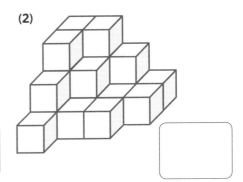

(3)

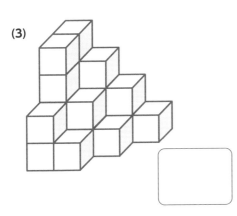

(4)

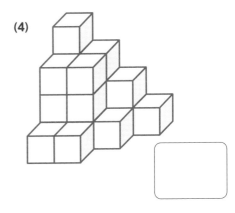

(5)

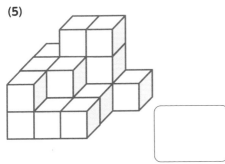

(6)

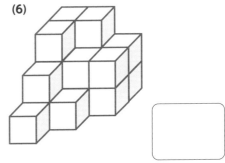

84 つみ木に色をぬったら？

目標時間は 10 分

月　　日

下の図は 12 このつみ木をつくえの上にならべたものです。ならべた後、おもてに出ている面をすべて赤くぬりました。(つくえとせっしている面、つみ木どうしがくっついている面は赤くぬれません。)

そして、赤くぬった後にばらばらにくずしました。このとき、1つ1つのつみ木を見ると、赤くぬられている面とぬられていない面があります。あとのもんだいに答えましょう。

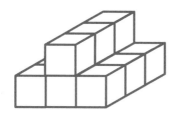

(1) 12 このつみ木の中で、4 つの面が赤くぬられているつみ木は何こありますか。

(2) 12 このつみ木の中で、3 つの面が赤くぬられているつみ木は何こありますか。

(3) 12 このつみ木の中で、2 つの面が赤くぬられているつみ木は何こありますか。

(4) 12 このつみ木の中で、1 つの面が赤くぬられているつみ木は何こありますか。

(5) 12 このつみ木の中で、どの面も赤くぬられていないつみ木は何こありますか。

四方から見てみよう

目標時間は 7 分

月　　日

マスの中のビルが何階だてか、数字を書きましょう。

〔ルール〕

①それぞれのマスはま上から見たビルをあらわします。

②すべてのマスに、そのビルの階数をあらわす数字を入れます。

③もっとも高いビルの階数は 3 階だてです。

④矢じるしの数は、その方こうから見たときに見えるビルの数をあらわしています。たとえば、 2 1 3 とならんでいるときには、左から見ると 2 つ、右から見ると 1 つのビルが見えます。

⑤同じれつ（タテ・ヨコとも）に同じ数は入りません。

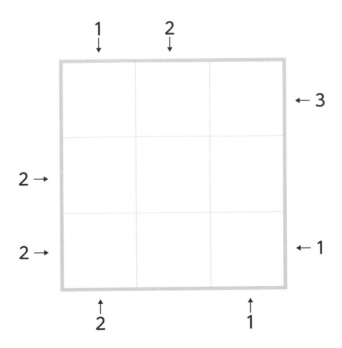

86 四方から見てみよう

マスの中のビルが何階だてか、数字を書きましょう。

〔ルール〕

①それぞれのマスはま上から見たビルをあらわします。

②すべてのマスに、そのビルの階数をあらわす数字を入れます。

③もっとも高いビルの階数は 3 階だてです。

④矢じるしの数は、その方こうから見たときに見えるビルの数をあらわしています。たとえば、 2 1 3 とならんでいるときには、左から見ると 2 つ、右から見ると 1 つのビルが見えます。

⑤同じれつ（タテ・ヨコとも）に同じ数は入りません。

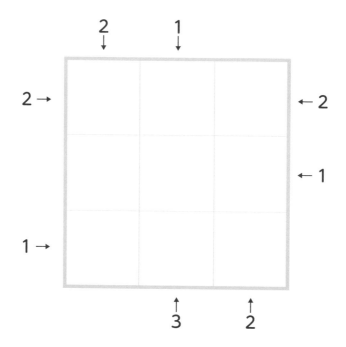

解答

ステップ 1

1 (1) ③ (2) ③ (3) ②

2 (1) ① (2) ② (3) ①

3 (1) ◎ (2) ◎ (3) ○

4

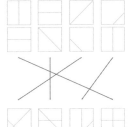

5 (1) ③ (2) ① (3) ③

6 (1) ② (2) ③ (3) ③

7 【解答例】

(1)

(2)

(3)

8

(1)

(2)

ステップ 2

9 (1) ③ (2) ③ (3) ②

10

(1)

(2)

(3)

11 (1) 4 (2) 2 (3) 5

12 (1) ③ (2) ② (3) ③

13 (1) ② (2) ③ (3) ③

14 (1) 9こ (2) 6こ (3) 8こ
(4) 7こ (5) 5こ (6) 9こ

15 (1) 4こ (2) 4こ (3) 1こ

16 (1) □○ (2) △□ (3) ○□
(4) △○ (5) □△○ (6) △○○

ステップ 3

17 (1) ② (2) ③ (3) ③

18 (1) ③ (2) ③ (3) ①

19

(1)

(2)

(3)

20

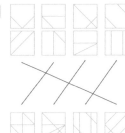

21 ① ・ ③ ・ ⑦

22 (1) ③ (2) ② (3) ②

23 【解答例】

24

(1)

4		2		
4		6	6	
4			6	
2	3		2	
			4	4

(2)

	4	4		
		3		
	4	4		6
				6
3			6	6

解答

ステップ 4

25 (1) ③ (2) ③ (3) ③

26
(1)

(2)

(3)

27
(1)

(2)

(3)

28 (1) ② (2) ① (3) ①

29 ③・④・⑥

30 (1) 5こ (2) 7こ (3) 8こ
(4) 6こ (5) 9こ (6) 8こ

31 (1) 4こ (2) 6こ (3) 2こ

32 (1) △→□→○
(2) □→△→○

33 (1) ○→□→△
(2) △→○→□

ステップ 5

34 (1) ③ (2) ② (3) ③

35 (1) ② (2) ② (3) ①

36 (1) △ (2) ● (3) ○

37

38 (1) ② (2) ② (3) ②

39 (1) ③ (2) ② (3) ③

40 【解答例】

41
(1)

3↓	1↓	2↓	
2→ 1	3	2	←2
2→ 2	1	3	←1
1→ 3	2	1	←3
1↑	2↑	2↑	

(2)

2↓	2↓	1↓	
3→ 1	2	3	←1
1→ 3	1	2	←2
2→ 2	3	1	←2
2↑	1↑	3↑	

ステップ 6

42 (1) ③ (2) ② (3) ②

43
(1)

(2)

(3)

44 (1) 2 (2) 1 (3) 2

45 (1) ④ (2) ② (3) ①

46 (1) ① (2) ③ (3) ②

47 (1) 15こ (2) 12こ (3) 13こ
(4) 15こ (5) 12こ (6) 13こ

48 (1) 1こ (2) 4こ
(3) 4こ (4) 1こ

49

		4
	2	2
	2	2
4		

50

ステップ 7

51 解答略

52
(1)

解答

ステップ 9

68 解答略

69
(1)
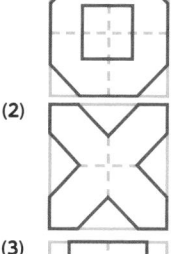

(2)
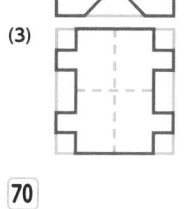

(3)
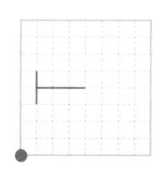

70
(1)
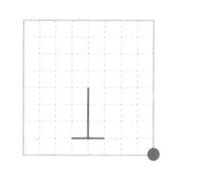

(2)
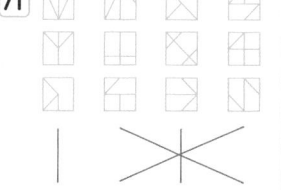

71
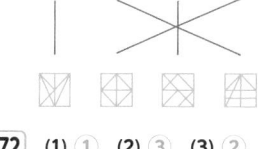

72 (1) ① (2) ③ (3) ②

73 (1) ③ (2) ② (3) ③

---

74 【解答例】

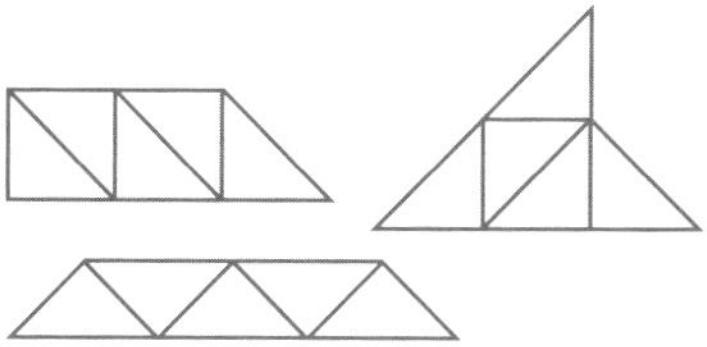

75 【解答例】

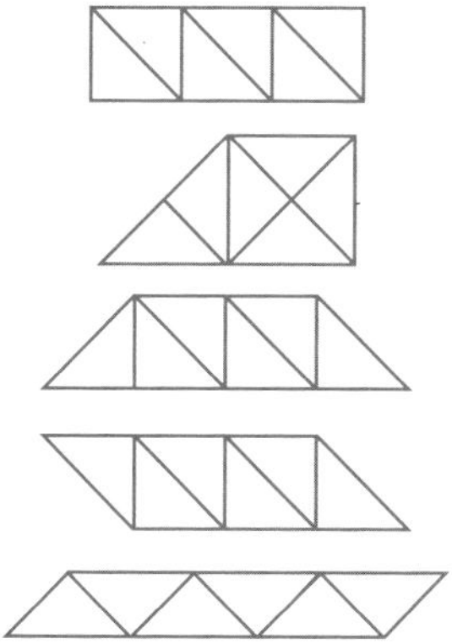

76 (1) △→□→●→○
    (2) ○→●→□→△

77 (1) ○→□→△→●
    (2) □→○→△→●

ステップ 10

78 (1) ③ (2) ① (3) ③

79
(1)

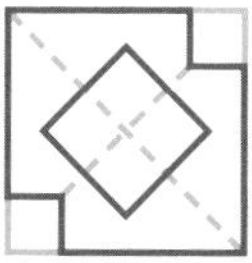

(2)

---

(3)

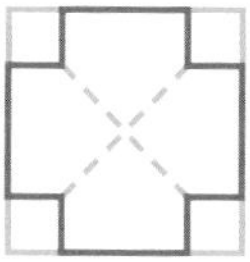

80
(1)

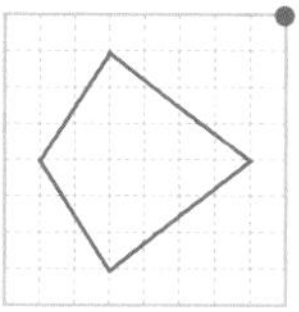

(2)

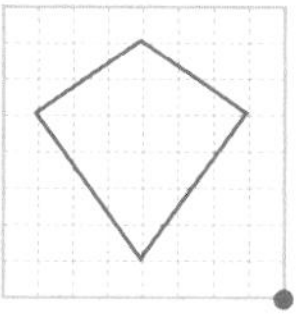

81 (1) ①と③ (2) ②と⑤
    (3) ②と⑤

82 (1) ② (2) ② (3) ③

83 (1) 18 こ (2) 21 こ (3) 20 こ
    (4) 19 こ (5) 18 こ (6) 19 こ

84 (1) 2 こ (2) 5 こ
    (3) 2 こ (4) 2 こ (5) 1 こ

85

	1↓	2↓		
	3	2	1	←3
2→	1	3	2	
2→	2	1	3	←1
	2↑	1↑		

86

	2↓	1↓		
2→	2	3	1	←2
	1	2	3	←1
1→	3	1	2	
	3↑	2↑		

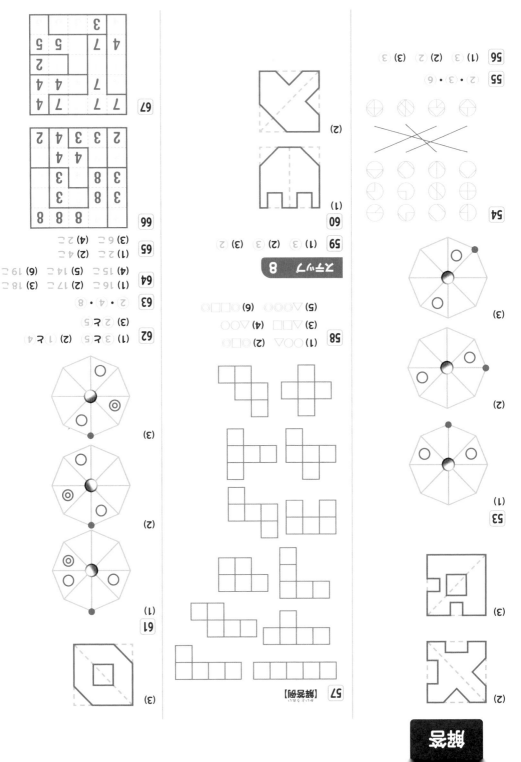

解答

54

55 (2・3)・6

56 (1) 3 (2) 2 (3) 3

53

57 【解答例】

58 (1) ○○△▽ (2) ○○□ (3) △□□ (4) △○○ (5) ▽△○○ (6) ○□□○

59 (1) 3 (2) 3 (3) 2

60 (1) (2)

ステップ 8

61 (1) (2) (3)

62 (1) 3と5 (2) 1と4 (3) 2と5

63 2・4・8

64 (1) 16こ (2) 17こ (3) 18こ (4) 15こ (5) 14こ (6) 19こ

65 (1) 2こ (2) 4こ (3) 6こ (4) 2こ

66

67